# 冒险岛

# 数学奇遇记62

## 成为运算高手的捷径

〔韩〕宋道树／著 〔韩〕徐正银／绘 张蓓丽／译

U0172638

台海出版社

北京市版权局著作合同登记号：图字 01-2023-0095

**图书在版编目（CIP）数据**

冒险岛数学奇遇记. 62, 成为运算高手的捷径 /
(韩) 宋道树著 ; (韩) 徐正银绘 ; 张蓓丽译. -- 北京 ：
台海出版社, 2023.2（2023.11重印）

ISBN 978-7-5168-3446-6

Ⅰ.①冒… Ⅱ.①宋… ②徐… ③张… Ⅲ.①数学 –
少儿读物 Ⅳ.①O1-49

中国版本图书馆CIP数据核字（2022）第221776号

---

**冒险岛数学奇遇记.62，成为运算高手的捷径**

著　　者：〔韩〕宋道树　　　　　　绘　　者：〔韩〕徐正银
译　　者：张蓓丽

出版人：蔡　旭　　　　　　　　　　策　　划：双螺旋童书馆
责任编辑：徐　玥　　　　　　　　　　封面设计：胡艳英
策划编辑：唐　浒　王慧春

出版发行：台海出版社
地　　址：北京市东城区景山东街20号　邮政编码：100009
电　　话：010-64041652（发行，邮购）
传　　真：010-84045799（总编室）
网　　址：www.taimeng.org.cn/thcbs/default.htm
E－m a i l：thcbs@126.com

经　　销：全国各地新华书店
印　　刷：固安兰星球彩色印刷有限公司
本书如有破损、缺页、装订错误，请与本社联系调换

开　　本：710毫米×960毫米　　　　　1/16
字　　数：186千字　　　　　　　　　　印　　张：10.5
版　　次：2023年2月第1版　　　　　　印　　次：2023年11月第2次印刷
书　　号：ISBN 978-7-5168-3446-6

定　　价：35.00元

# 前言

《冒险岛数学奇遇记》第十三辑，希望通过综合篇进一步提高创造性思维能力和数学论述能力。

不知不觉，《冒险岛数学奇遇记》已经走过了 11 个年头。这都离不开各位读者的支持，尤其是家长朋友们不断的鼓励和建议。这期间，我也明白了什么是"一句简单明了的解析、一个需要思考的问题，能改变一个学生的未来"。在此，对一直以来支持我们的读者表示衷心的感谢。

在古代，"数学"被称为"算术"。"算术"当中的"算"字除了有"计算"的意思以外，还包含有"思考应该怎么做"的意思。换句话说，它与"怎么想的"，即"在这种情况下该怎么解决呢"里面"解决（问题）"的意思是差不多的。正因如此，数学可以说是一门训练"思维能力与方法"的学科。

小学五年级以上的学生应该按照领域或学年对小学课程中所涉及的数学知识点进行整理归纳，然后将它们牢牢记在自己的脑海里。如果你是初中学生，就应该把它当作一个查漏补缺、巩固基础的机会，将小学、初中所学的知识点贯穿起来，进行综合性的归纳整理。

俗话说"珍珠三斗，串起来才是宝贝"，意思是再怎么名贵的珍珠只有在串成项链或手链之后才能发挥出它的作用。若是想在众多的项链中找到你想要的那条，就更应该好好收纳整理。与此类似，只有在脑海当中对数学知识和解题经验有一个系统性的整理记忆，才能游刃有余地面对各种题型的考试。即便偶尔会犯一些小错误，也能立马就改正过来。

《冒险岛数学奇遇记》综合篇从第 61 册开始，主要在归纳整理数学知识与解题思路。由于图形、表格比文字更加方便记忆，所以从第 61 册开始本书将利用树形图、表格、图像等来加强各位小读者对知识点的记忆。

好了，现在让我们一起朝着数学的终点大步前进吧！

# 出场人物

## 📖 宝儿

宿命是统一魔法界，然后成为皇帝，却因尼科王子想独占魔法界的阴谋而四处流浪，最后进入了神龙雇佣兵团。

## 📐 德里奇

宝儿的御前侍卫，也是她最好的朋友，为了宝儿的一句话，奋不顾身地来到人生地不熟的魔法界，吃尽苦头后遇见了希拉。

## 🕐 希拉

隐藏了自己真正面目的女巫。在女巫审判庭上偶然见到德里奇之后，就开始别有用心地利用他。

**前情回顾**

参加国王之战的哆哆与阿鲁鲁、祖卡一起组成小队，并在血泪之星的一座古代遗址上建立了基地；为了抓到一直偷食物的小偷，哆哆追出了基地，却发现这个小偷不同寻常。另一边，宝儿对尼科王子的阴谋一无所知，为了寻找王子的城堡到处漂泊，却误打误撞进入了一个雇佣兵团，没想到雇佣兵团的团长竟然是……

 **阿鲁鲁**

心城第一大名门望族的子弟。在血泪之星了解了哆哆的实力之后同他组队，一起准备国王之战。

 **祖卡**

贵族小姐，也是哆哆和阿鲁鲁的队友。为了逃婚而参加国王之战，并在血泪之星的古代遗址当中安营扎寨。

 **哆哆**

参加国王之战的反抗军总司令。被反抗心城的组织所骗，从而来到血泪之星，成为率领阿鲁鲁和祖卡的队长。

 **地格吉**

擅长地行术的国王之战参赛者。偷了哆哆一行的食物之后被哆哆发现，千方百计隐瞒的家族秘密随即也被揭露了出来。

# 目录

**187** 男巫德里奇 ————————————————————— 7

归纳整理数学教室 **1** 自然数的乘法运算 **29~30** 领域 数与运算 能力 数理计算能力 / 理论应用能

**188** 希拉是美妆迷 ————————————————————— 31

归纳整理数学教室 **2** 乘法速算 **55~56** 领域 数与运算 能力 理论应用能力 / 创造性思维能

**189** 暗黑家族的少年——地格吉 ——————————————— 57

归纳整理数学教室 **3** 自然数的除法运算 **81~82** 领域 数与运算 能力 数理计算能力 / 理论应用能

**190** 发禄的叛变 ————————————————————— 83

归纳整理数学教室 **4** 时间与日历 **107~108** 领域 计量 能力 概念理解能

**191** 阿鲁鲁的耻辱 ————————————————————— 109

归纳整理数学教室 **5** 认识货币 **137~138** 领域 计量 / 数与运算 能力 概念理解能力 / 数理计算能

**192** 宝儿成了副团长 ————————————————————— 139

趣味数学题解析 ————————————————————— 165

187 男巫德里奇

希拉女巫……

德里奇团长跟那位少女是怎么认识的呢?

我也不清楚。

不过,这对我们来说,肯定不是什么值得高兴的事儿。

我直接称呼您为宝儿小姐，不叫您皇后娘娘，这没有关系吧？

那当然了……

你怎么成为雇佣兵团的团长了？

哎哟

您别提了。突然掉入一个完全陌生的世界，这一年里我不知道吃了多少苦头……

一年？你一年前就到魔法界了吗？

对，宝儿小姐您不是的吗？

正确答案　×（解析见第165页）

我要把德里奇丢到魔法界一个奇怪的地方，先让他吃点苦头。他要受点教训才行！

看来我让他吃点苦头这个要求真的实现了呢。居然时光倒流，把他丢到一年前的魔法界来了。

哈哈

那宝儿小姐您是什么时候来这儿的呢？

你继续说你的事儿吧。你这一年里究竟吃了些什么苦头呀……

若数字以万倍增长的话，依次排列为个、万、亿、兆、京、垓、（　　　）、穰、沟……请问括号内的数字单位名称是什么？

①极　②秭　③正　④涧　⑤载

②（解析见第 165 页）

绑着我的这个绳索用魔法一下就能解开的……但是不知道为什么我的魔法使不出来。是因为次元不同吗?

发抖

你是跨越次元的界限从其他世界来的?

那一定就是女巫了。

可我是个男生啊……

那就是男巫!

你还是乖乖地自己老实交代了吧。

交代什么？

女巫……不对，你就是男巫。

生气

我不是男巫！

说我是男神还差不多……

哎哟，本来今天星期五，我还想早点下班来着……你一定要这么拖延时间吗？

那就没办法了。只能严加拷问，让你交代清楚了……小的们，都给我进来！

嗒

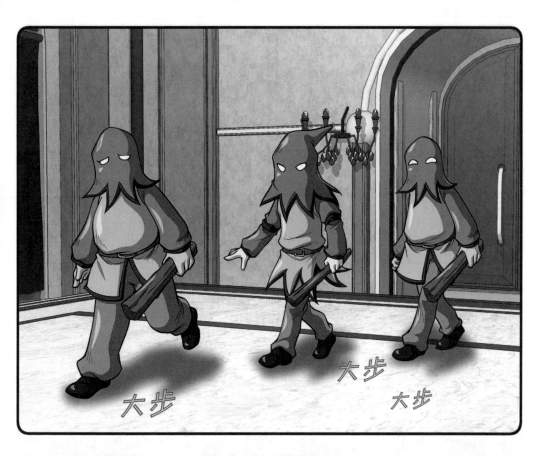

③（解析见第165页）

检察官，请给他量刑\*吧。

起身

他是个男巫，自然要执行火刑！

\* 量刑：法官审理案件时，根据罪行轻重及犯罪者的动机、认罪表现，依法判处一定刑罚。

惊

律师，请进行辩护\*。

\* 辩护：法院审理案件时，被告人和辩护人根据事实和法律，对指控所做的申辩和解释。

尊敬的法官，有句话是这样说的：可以厌恶罪行，但是却不能厌恶人。

嗖

这位少年，即便他是男巫，可他的年纪却还很小。

含泪

律师小姐！

所以你的结论是什么呢？

当然是执行火刑了，毕竟他是个男巫。

哼

被告德里奇，判处*火刑！

咚 咚 咚

* 判处：法庭依照法律对触犯刑律者的审理和裁决。

*行刑：执行刑罚，特指执行死刑。

归纳整理数学教室

# 1 自然数的乘法运算

| 领域 数与运算 | 能力 数理计算能力 / 理论应用能力 |

一辆三轮车有 3 个轮子，那如果有 7 辆这样的三轮车，一共有几个轮子呢？虽然我们运用加法（3 个 +3 个 +3 个 +3 个 +3 个 +3 个 +3 个 =21 个）能够计算出轮子的数量，但是这样计算起来也太不方便了。这个时候，运用乘法就能够更加简单快速地计算出结果。在运用乘法计算的情况下，7 个 3 相加或 3 的 7 倍等于 21 可表示为"3×7=21"，读作"3 乘 7 等于 21"。

使用乘号"×"的式子 3×7=21 被称为乘法算式。

相同的数多次相加的快捷计算方法就是乘法。

$$3 + 3 + 3 + 3 + 3 + 3 + 3 \Rightarrow 3 \times 7 = 21$$

| | 7个3相加（3的7倍） | | 被乘数 | × | 乘数 | = | 积 |

或者 因数 × 因数 = 积

从 2 到 9 所包含的全部乘法算式叫作乘法口诀，也叫九九歌，把它们用表格的形式表达出来就是九九乘法表。另外，一般来讲 $n \times 1 = n = 1 \times n$，$n \times 0 = 0 = 0 \times n$。

**[表1]乘法口诀（九九歌）**

| 2 | 3 | 4 | 5 |
|---|---|---|---|
| 2 × 1 = 2 | 3 × 1 = 3 | 4 × 1 = 4 | 5 × 1 = 5 |
| 2 × 2 = 4 | 3 × 2 = 6 | 4 × 2 = 8 | 5 × 2 = 10 |
| 2 × 3 = 6 | 3 × 3 = 9 | 4 × 3 = 12 | 5 × 3 = 15 |
| 2 × 4 = 8 | 3 × 4 = 12 | 4 × 4 = 16 | 5 × 4 = 20 |
| 2 × 5 = 10 | 3 × 5 = 15 | 4 × 5 = 20 | 5 × 5 = 25 |
| 2 × 6 = 12 | 3 × 6 = 18 | 4 × 6 = 24 | 5 × 6 = 30 |
| 2 × 7 = 14 | 3 × 7 = 21 | 4 × 7 = 28 | 5 × 7 = 35 |
| 2 × 8 = 16 | 3 × 8 = 24 | 4 × 8 = 32 | 5 × 8 = 40 |
| 2 × 9 = 18 | 3 × 9 = 27 | 4 × 9 = 36 | 5 × 9 = 45 |

| 6 | 7 | 8 | 9 |
|---|---|---|---|
| 6 × 1 = 6 | 7 × 1 = 7 | 8 × 1 = 8 | 9 × 1 = 9 |
| 6 × 2 = 12 | 7 × 2 = 14 | 8 × 2 = 16 | 9 × 2 = 18 |
| 6 × 3 = 18 | 7 × 3 = 21 | 8 × 3 = 24 | 9 × 3 = 27 |
| 6 × 4 = 24 | 7 × 4 = 28 | 8 × 4 = 32 | 9 × 4 = 36 |
| 6 × 5 = 30 | 7 × 5 = 35 | 8 × 5 = 40 | 9 × 5 = 45 |
| 6 × 6 = 36 | 7 × 6 = 42 | 8 × 6 = 48 | 9 × 6 = 54 |
| 6 × 7 = 42 | 7 × 7 = 49 | 8 × 7 = 56 | 9 × 7 = 63 |
| 6 × 8 = 48 | 7 × 8 = 56 | 8 × 8 = 64 | 9 × 8 = 72 |
| 6 × 9 = 54 | 7 × 9 = 63 | 8 × 9 = 72 | 9 × 9 = 81 |

**[表2]九九乘法表**

| × | 1 | 2 | 3 | 4 | 5 | 6 | 7 | 8 | 9 |
|---|---|---|---|---|---|---|---|---|---|
| 1 | 1 | 2 | 3 | 4 | 5 | 6 | 7 | 8 | 9 |
| 2 | 2 | 4 | 6 | 8 | 10 | 12 | 14 | 16 | 18 |
| 3 | 3 | 6 | 9 | 12 | 15 | 18 | 21 | 24 | 27 |
| 4 | 4 | 8 | 12 | 16 | 20 | 24 | 28 | 32 | 36 |
| 5 | 5 | 10 | 15 | 20 | 25 | 30 | 35 | 40 | 45 |
| 6 | 6 | 12 | 18 | 24 | 30 | 36 | 42 | 48 | 54 |
| 7 | 7 | 14 | 21 | 28 | 35 | 42 | 49 | 56 | 63 |
| 8 | 8 | 16 | 24 | 32 | 40 | 48 | 56 | 64 | 72 |
| 9 | 9 | 18 | 27 | 36 | 45 | 54 | 63 | 72 | 81 |

**[参考]** 请大家勤加练习，争取能在45秒内背完乘法口诀。如果能在35秒内背完的话就属于出类拔萃的范畴了。

从 3×7=7×3=21 可知，在乘法运算中，交换两个因数的位置，乘积是不变的。也就是说，$A \times B = B \times A$，这一定律被称为乘法交换律。

三个数的乘法运算（3×7）×4 与 3×（7×4），通过计算可得 21×4=84=3×28，所得的积都是相等的。在这种 $A$、$B$、$C$ 三个数的乘法运算中，先把前两个数相乘，再和另外一个数相乘，或先把后两个数相乘，再和另外一个数相乘，积不变，这个定律叫作乘法结合律。用字母表示为 $(A \times B) \times C = A \times (B \times C)$。

下面我们来了解一下快速进行乘法计算的方法吧。

如下所示，乘法算式 $37×4$ 用乘法竖式来进行计算的话会更加便捷（一般 $4×37$ 会变换成 $37×4$ 来进行计算）。

$$
\begin{array}{r}
3\ 7 \\
\times\quad 4 \\
\hline
2\ 8 \\
1\ 2\ 0 \\
\hline
1\ 4\ 8
\end{array}
$$

→ $7×4=28$
→ $30×4=120$
→ $28+120=148$

$$
\begin{array}{r}
3\ 7 \\
\times\quad {}_2 4 \\
\hline
1\ 4\ 8
\end{array}
$$

运用进位法快速心算

那么，三位数 × 两位数的运算又是怎么样的呢？

因为 $327×64$ 就相当于有 64 个 327 相加，所以我们把它想成是 $327×4$ 与 $327×60$ 之和即可。

$$
\begin{array}{r}
3\ 2\ 7 \\
\times\quad {}_1{}_2 4 \\
\hline
1\ 3\ 0\ 8
\end{array}
\quad + \quad
\begin{array}{r}
3\ 2\ 7 \\
\times\quad {}_1{}_4 6\ 0 \\
\hline
1\ 9\ 6\ 2\ 0
\end{array}
\quad \Rightarrow \quad
\begin{array}{r}
3\ 2\ 7 \\
\times\quad 6\ 4 \\
\hline
1\ 3\ 0\ 8 \\
1\ 9\ 6\ 2\ 0 \\
\hline
2\ 0\ 9\ 2\ 8
\end{array}
$$

← $327×4$
← $327×60$

用横式来表示的话，则如下所示：

$327×64=327×(4+60)=(327×4)+(327×60)=1308+19620=20928$。

从 $327×(4+60)=(327×4)+(327×60)$ 中可看出，一个数 $A$ 与两个数之和 $(B+C)$ 相乘所得的积，等于一个数 $A$ 分别与 $B$、$C$ 相乘所得乘积的和。

与此同理，可知 $A×(B+C)=A×B+A×C$ 或者 $(A+B)×C=A×C+B×C$ 成立，这就是乘法分配律。

[例] 请运用乘法分配律计算下列式子。

（1）$75×6+75×4$ 　　　　　　（2）$36×345+64×345$

[解析]（1）$75×6+75×4=75×10=750$ （2）$36×345+64×345=100×345=34500$

乘法交换律、乘法结合律与乘法分配律用图形表示如下：

&lt;乘法交换律&gt;　　　　　　　　　　　　　&lt;乘法结合律&gt;

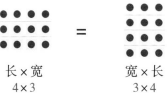

长×宽　　　宽×长　　　　　（长×宽）×高　　　　　$5×4×3$
$4×3$　　　$3×4$　　　　　　（$5×4$）×3　　　　　　$=(5×4)×3$
　　　　　　　　　　　　　　　　　　　　　　　　　　$=5×(4×3)$
　　　　　　　　　　　　　　　　　　　　　　　　　　$=(5×3)×4$

&lt;乘法分配律&gt;

① 宽×（长1+长2）　　　=　　　宽×长1　　　+　　　宽×长2
　 $3×(4+5)$　　　　　　　　　　$3×4$　　　　　　　$3×5$

② （长1+长2）×宽　　　=　　　长1×宽　　　+　　　长2×宽
　 $(4+5)×3$　　　　　　　　　　$4×3$　　　　　　　$5×3$

上面图形所表达的定律也可以用来说明以后将会学习的长方形的面积、长方体的体积。

怎么离开呢？

用魔法不就行了，你不是魔法师吗？

不知道为什么我的魔力使不出来了。

无力

肯定是因为你太紧张了才会这样的。我来帮你。

该用什么魔法好呢？我想推荐你使用一下交换魔法……

这种魔法我还是第一次听说。

×（解析见第 165 页）

正确答案

你不知道交换律吗?

数学中的交换律我倒是知道:两个数相加或相乘,交换这两个数的位置,所得的计算结果不变……

交换魔法也差不多。我来教你,你认真跟着学。

首先,闭上眼睛……

然后,在脑海里回想此刻你最讨厌的人是谁,讨厌的人有两个以上也不要紧。

我已经想好了。

好，那我们就开始启动交换魔法喽！一、二……

三！

咦

关于（2×7）×5=（7×2）×5=7×（2×5）=7×10=70，下列说明正确的是哪个？（［交］指乘法交换律，［结］指乘法结合律）

①［交］1次，［结］0次　　②［交］0次，［结］1次　　③［交］1次，［结］1次

这是哪里呀?

这是我家。

啊,终于从火刑场上逃出来了。

你看起来非常疲惫啊,睡得人事不省的。

你叫什么呀?

其实,我是从其他世界来到这里的。

我早就看出来了。你以为舞女这点眼力见都没有吗?

正确答案　③(解析见第 165 页)

我还看得出来，你是一位拥有庞大魔力的天才魔法师。

嘻嘻

没错，虽然在我生活的世界是这样的……但是来到这里之后就什么魔力都没有了。

叹气

我会帮你的。只要我们同心协力，没有什么是做不到的。

坐

呵呵呵，是我太心急了吗？

我们先吃饭，这件事情可以以后慢慢聊。

他、他刚才是不是
喊你女巫小姐?

咯噔一跳

不是啊！他喊的
是舞女小姐啊！

不要撒谎了！
他明明喊的就
是女巫小姐！

尴尬
尴尬

我是一个白魔法师，
和女巫是不可能成
为朋友的！

我得赶紧想个办法
解决这个问题！

你冷静点。
这真的是你听错了。

他喊的明明就是女巫小姐!

真的是你听错了!

他喊的不是女巫小姐,就是"舞女"小姐。

啊?

对吧,蟾蜍管家?

啊?对……

你等下死定了。

因为我经常受邀参加舞会,所以仆人们常常会称呼我为舞女小姐。

* 粉刷：指涂油漆刷墙等，在此引申形容妆化得很浓。

每天存 100 元，连续存 50 天所得的金额，与每天 50 元存 100 天所得的金额相等，这一性质可用什么
运算定律来进行解释说明？

① 乘法分配律　② 乘法结合律　③ 乘法交换律　④ 加法结合律　⑤ 加法交换律

因为我用的不是化妆刷，
而是抹刀*！

唰

*抹刀：指一种用来修整石膏、水泥和类似材料的扁平工具。

赶时间的时候还会这样涂。

滚滚

正确
答案　③（解析见第 165 页）

现在这个误会算是解释清楚了吧?

嗯。

真伤心。你竟然会认为我是女巫……

对不起。

你都不知道，我当时在使用交换魔法的时候有多不容易。可能是因为我们来自不同的世界，气场不和，导致双方魔力在融合的时候，非常不顺利。加法运算也得在双方具备同一特性的时候，才能成立来着……

我知道你付出了很多，我也是真心感谢……

这可不是说句感谢的话就可以了的。问题严重得很。

交换魔法的作用正在慢慢消散。

两种不同的气场，勉强被硬凑在一起，是维持不了多久的。

魔法消散的话，会怎么样呢？

魔法消散的话……

你会重新回到火刑场去啊。

惊！

喝下这个之后，你的气场就会和我的一致了。

那样你就不用担心魔法会消散了。

不愿意？

那倒不是，主要是我不怎么喜欢喝药……

不愿意就算了！

45×77+55×77=（45+55）×77=100×77=7700 运用的是"乘法（　　　）"。

分配律（解析见第165页）

**2** 乘法速算

| 领域 | 数与运算 | 能力 | 理论应用能力／创造性思维能力 |

运用图像、树形图、表格理解记忆

小学 2 年级的时候会学习九九歌（乘法口诀表）。

这个期间烂熟于心的九九乘法口诀会让我们一生都收益，在我们日常生活中起着非常重要的作用，所以各位小读者一定要勤加练习，争取在 45 秒内背完整个乘法口诀表。

在印度，人们需要背诵 $19 \times 19$ 乘法口诀表。那么，背诵 $19 \times 19$ 乘法口诀表是否真的有利于我们的数学学习呢？能够背诵下来的话当然很好，但如果因为背诵过程十分吃力而备感压力，这反倒会变成我们厌恶数学的一个开始。

如果能熟记九九乘法口诀并快速（45 秒内）背诵出来，我们的运算能力是完全不会受到影响的。甚至可以说，只要你掌握了我们现在讲到的几个学习技巧，一般的计算我们都能快速准确地算出来，而且还能提升我们的自信心，不需要担心自己是不是算错了。

### <技巧1>1X×1Y的快速算法［十几乘十几］

例如，在快速计算 $17 \times 18$ 的时候，先在脑海中列出下面最左边的式子，然后用上面的数 17 加下面这个数的个位数 8 得到 25，并把 25 往左边移一位，且在后面添加一个 0。接着，把个位数上的 7 与 8 相乘所得的 56 如第三张图那样与 250 相加，则可求出 $17 \times 18$ 的答案为 306。

$$\begin{array}{r} 1\ 7 \\ \times\ 1\ 8 \\ \hline \end{array} \Rightarrow \begin{array}{r} 1\ 7 \\ \times\ 1\ 8 \\ \hline 2\ 5\ 0 \end{array} \leftarrow (17+8)\times10 \Rightarrow \begin{array}{r} 2\ 5\ 0 \\ +\ \ \ 5\ 6 \\ \hline 3\ 0\ 6 \end{array} \begin{array}{l} \leftarrow (17+8)\times10 \\ \leftarrow 7\times8 \end{array}$$

即，

$$\begin{array}{r} 1\ 7 \\ \times\ \ 1\ 8 \\ \hline 2\ 5\ 0 \\ +\ \ \ 5\ 6 \\ \hline 3\ 0\ 6 \end{array} \begin{array}{l} \\ \\ \leftarrow (17+8)\times10 \\ \leftarrow 7\times8 \end{array}$$

初中数学课程中"十几的平方数"，常用 $(1A)^2$ 这一形式来表示，它们的值有 $11^2=121$、$12^2=144$、$13^2=169$、$14^2=196$、$15^2=225$、$16^2=256$、$17^2=289$、$18^2=324$、$19^2=361$。这些值我们如果能背下来的话，会更加便于以后的运算。运用 <技巧1> 我们能快速求出十几乘十几的值，所以 $(1A)^2$ 的值慢慢地也会完全记下来的！

[ 例 1 ] 请分别在 5 秒内完成下列乘法运算。

（1）$14 \times 12$　　（2）$12 \times 17$

[ 解析 ]（1）$14 \times 12 = (14+2) \times 10 + 4 \times 2 = 168$

（2）$12 \times 17 = (12+7) \times 10 + 2 \times 7 = 204$

### <技巧2>SA×SB的快速算法（A+B=10）［十位数相同，个位数之和为10］

此 <技巧2> 在之前《冒险岛数学奇遇记46》第 108 页的 [ 问题2 ]"两位数 × 两位数的快速算法"中已做过说明，这里我们利用下面的图表来整理回顾一下。

$$A+B=10 \quad \begin{array}{r} S\ A \\ \times\ S\ B \\ \hline \end{array} \Rightarrow \begin{array}{r} S\ A \\ \times\ \ S\ B \\ \hline \end{array}$$

$S \times (S+1) \rightarrow$ ☐ ☐ ☐ ☐ $\leftarrow A \times B$

[ 例 ]

$$\begin{array}{r} 3\ 6 \\ \times\ \ 3\ 4 \\ \hline \end{array}$$

$3 \times (3+1) \rightarrow$ 1 2 2 4 $\leftarrow 6 \times 4$

<技巧2> 的原理还可以通过下图用正方形的面积来进行说明。

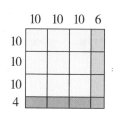 ⇒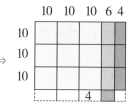

$$30 \times 40 = 1200$$
$$+\ 6 \times 4 = \phantom{00}24$$
$$1224$$

依据此原理，能够快速求出式子S5×S5，即"S5"平方的值。

[例2] 请分别在5秒内完成下列乘法练习题。

　　　（1）47×43　　　　（2）35 的平方

[解析]（1）47×43=（4×5）×100+7×3=2021
　　　　（2）35×35=（3×4）×100+5×5=1225

**<技巧3>AS×BS的快速算法（A+B=10）[个位数相同，十位数之和为10]**

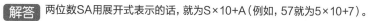

依据此原理，能够快速求出式子5S×5S，即"5S"平方的值。

[例3] 请分别在5秒内完成下列乘法运算。

　　　（1）49×69　　　　（2）54 的平方

[解析]（1）49×69 ＝（4×6+9）×100+9×9=3381
　　　　（2）54×54 ＝（5×5+4）×100+4×4=2916

**问题** 请解释说明<技巧2>。（参考：此问题为小学高年级所学内容。）

**解答** 两位数SA用展开式表示的话，就为S×10+A（例如，57就为5×10+7）。

因此可得，SA×SB=（S×10+A）×（S×10+B）=S×S×100+S×（A+B）×10+A×B。

又因为A+B=10，所以S×（A+B）×10=S×100，将其代入上式，最后可得
S×S×100+S×100+A×B=S×（S+1）×100+A×B→S×（S+1）|A×B。

请注意，这里的A×B为两位数。

各位读者朋友！让我们借此机会掌握以下内容，并多多练习，摆脱对运算的恐惧吧。

　　（1）45秒内背出九九乘法表（可以的话争取40秒内背完）。

　　（2）4秒内算出1X×1Y（可以的话争取3秒内算出）与"1X"的平方。

　　（3）4秒内算出两位数的乘法SA×SB（A+B=10）。

　　（4）4秒内算出两位数的乘法AS×BS（A+B=10）。

顿住

我知道你藏在那儿，给我出来！

嗖

是啊，是我解出来的。怎么了？

第18g章-1
判断题

19×19 乘法口诀表是我们必须要背诵下来的。

那你把这道题
也解出来。

我已经想了一个星期
了，就是解不出来。

晕

赶紧的！

我为什么要帮你解题？
我可是来抓你的。

你解出来了，再抓
我回去不就行了。

惊讶

×（解析见第 166 页）

正确
答案

$$75 + 57 = 1410$$
$$68 + 21 = 710$$
$$34 + 35 = 87$$
$$12 + 94 = ?$$

嗯，还真有点
难度呢……

只要知道了
其中的原理，
就很简单。

原理？

两边的两个数字相加
后的结果放在左边，
靠里面的两个数字相
加的结果放在右边，
这样就可以了。

大哥，
你真厉害……

哈哈哈……

原来你喜欢
数学啊。

嗯，但是不怎
么会做。

喜欢就行了。喜欢
的话，总有一天会
做得很好的。

你也加入了国
王之战吗？

嗯。

我很不想参加，但是
我爸爸非要我……

第189章-2
选择题

17×17 运用 "1X×1Y 的快速算法", 5 秒内算出的答案是哪个?

① 无法计算出结果 　② 需要笔算 　③ 279 　④ 289 　⑤ 299

他就是小偷?
也不能说是小偷，他不过是肚子饿得受不了了，从我们这儿拿点东西吃。
聊过之后发现，他也不是什么坏人。我来给你们介绍一下。
不需要介绍，因为我认识他……
怒视
我也是……
认识吗？怎么会？
?



正确答案 ④（解析见第166页）

听说这个坏蛋有一个跟他长得一模一样的儿子。

这么一看还真的是一个模子里刻出来的。

暴力组织头目的儿子?

他说的是真的吗?

紧张

呃嗯……

他爸爸是地格吉乌斯7世,那么他就是地格吉乌斯8世了。

气愤
气愤

先不管他爸爸是个什么样的人,反正他是个善良的孩子。这一点我可以保证。

\*偏见：不客观或不公正的看法、见解。

第189章-3
选择题

76×74 运用 "SA×SB 的快速算法（A+B=10）"，5 秒内算出的答案是哪个？
① 无法计算出结果　　② 4924　　③ 5628　　④ 5624

第189章　71

十指不沾阳春水，只知道游手好闲、吃喝玩乐的你们又有多了不起啊！

生气

你简直就是不可救药。也是，就你那家庭能指望你什么！

地格吉，等等……

转

我都说了我不过来了，全都怪你！

呜呜

呜呜

嗒嗒嗒

正确答案　④（解析见第166页）

紧张

好大一股邪气啊!

你就是队长哆哆?

很高兴见到你啊。我是心城发禄家族的继承人——发禄二世。

不透露家族和自己的名字，这可是国王之战的规则……

怒视

虽然规则是这样的……但我们贵族可是高于法律与规则的神圣\*存在呀。

你说什么？

\*神圣：形容崇高、尊贵、庄严而不可亵渎。

呜噜噜，难道我说错了吗？

吓

你的本名叫呜噜噜？

嗯……

尴尬

喂，这还不如我给你取的阿鲁鲁吧！

虽然我很不想承认，但是阿鲁鲁真的好听一点。

189章-4
填空题

运用 "AS×BS 的快速算法（A+B=10）"，计算 39×79，可得答案为（　　　）。

这位是我家专属的预言家卡珊德拉。

笑容

这可是我爸爸专门派给我的。

哈哈

这也太不像话了吧。不仅有保镖，还有专属预言家……

晕

国王之战不是要自己单独一人参加的吗？

虽然规则是这样的……但是我们贵族还需要管这么多吗？

正确答案　3081（解析见第166页）

当然要管。我们散伙饭小队只接收遵守规则的人！

一介平民，好大的胆子……

怒火

干吗？

哆哆，你跟我过来一下。

嗖

发禄家族把持着心城的军队，让这种强劲的家族加入我们的队伍，对我们来说百利而无一害。

嗫嗫

咕咕

运用图像、树形图、表格理解记忆

# 3 自然数的除法运算

领域 数与运算　　能力 数理计算能力 / 理论应用能力

$23 \div 4 = 5 \cdots\cdots 3$ 是一个使用除号 "÷" 算出商与余数的除法算式。在这个除法算式当中，23 为被除数，4 为除数，5 为商，3 为余数。

当被除数和除数都是自然数时，商、余数也全都为自然数，这就是自然数的除法运算。另外，余数通常都大于或等于 0，且小于除数。余数为 0 的情况被称为"整除"。

| | | | | | |
|---|---|---|---|---|---|
| $A$ | $\div$ | $B$ | $=$ | $q$ | $\cdots\cdots$ $r$ $(0 \leq r < B)$ |
| 被除数 | | 除数 | | 商 | 余数 |

[例] $23 \div 4 = 5 \cdots\cdots 3$
$23 = 4 \times 5 + 3$

$A \quad = \quad B \quad \times \quad q \quad + \quad r$

有余数的除法运算还可以用上面第二行的等式来表示。这个等式可以用来验算除法运算是否正确。

例如，要将 23 本练习册平均分给学生的这一情况，可以分为下列两种除法运算问题。（由于练习册再细分成碎片毫无意义，所以使用的是含有余数的自然数除法运算。）

问题1 （包含除）如果给每位学生分 4 本练习册的话，那么 23 本练习册能分给几位学生？还剩余多少本呢？
　　　　即，若 4 本为 1 份，则能分成几份？还剩几本呢？

问题2 （等分除）如果要将 23 本练习册平均分给 5 位学生，那么每位学生能分到几本且还剩余多少本呢？
　　　　即，若平均分成相同的 5 份，则一份为几本且还剩几本呢？

首先，我们来看一看 问题1 。从 23 本练习册当中拿出 4 本给一位学生，然后在剩下的练习册当中再拿出 4 本给另一位学生，如此循环往复，给 5 位学生分完之后就只剩下 3 本练习册，不够 4 本没办法再继续分下去了。这里的包含除指的是被除数当中包含有多少个除数且剩下多少余数的意思。由此可知，包含除是在总量被除数的单位与定量除数的单位相同的情况下，求总量中所"包含的个数"与余数的除法运算。
　　即，快速求出一个数里包含几个另一个数的算法，叫作包含除。

接下来，我们再来看看 问题2 。一共有 5 位学生，先每人给一本练习册，然后再每人给一本，如此循环的话，每位学生都可以分得 4 本，且还剩下 3 本。等分除指的是被除数分成相等的 $n$（除数）份（$n$ 等分），一份是多少且余数为多少的意思。因此可知，等分除是在被除数的单位与每份（商）的单位相同的情况下，求"每份的数量"与余数的除法运算。等分除与后面要学习到的分数概念是相关联的。

前面的内容用式子与图画来表达的话，则如下所示：

| 〈包含除〉 | 〈等分除〉 |
|---|---|

〈包含除〉

23本－4本 =19本
19本－4本 =15本
15本－4本 =11本
11本－4本 = 7本
7本－4本 = 3本

产生5个 "4本"

余数

23本－4本－4本－4本－4本=3本
23本÷4本=5（包含的个数）……3本

〈等分除〉

平均分为5份的话，则每份为4本，余3本

23本 ÷ 5 = 4本……3本
被除数　除数　商　余数

如下所示，运用等分除，可以得出整除与乘法互为逆运算的关系。

| $A$ | $\div$ | $B$ | $=$ | $q$ | $\Leftrightarrow$ | $q$ | $\times$ | $B$ | $=$ | $A$ |
|---|---|---|---|---|---|---|---|---|---|---|
| 被除数 | | 除数 | | 商 | 逆运算 | 乘数 | | 乘数 | | 积 |
| 20本 | $\div$ | 5 | $=$ | 4本 | $\Leftrightarrow$ | 4本 | $\times$ | 5 | $=$ | 20本 |

在进行除法计算的时候，如右图所示，运用九九乘法口诀来列除法竖式会更为便捷。

用竖式计算时，按顺序从被除数的最高位开始除起。通过验算，可得 $7 \times 23+6=167$，所以该除法运算是正确的。

```
        23 （商）
    7) 167
       140   → 7 × 20 = 140
        27   → 167 − 140 = 27
        21   → 7 × 3 = 21
         6   → 27 − 21 = 6（余数）
```

[参考] 我们后续将会学到小数的除法运算，它主要是用在被除数的单位可以继续细分的情况下。在这种情况当中，单位的选择与准确度将会给小数点后数字的变化带来影响。[例1] 与 [例2] 为等分除的例子。

[例1] $6.4$ m $\div 4=1.6$ m $\Leftrightarrow$ $640$ cm $\div 4=160$ cm，$1$ kg $\div 8=0.125$ kg $\Leftrightarrow$ $1000$ g $\div 8=125$ g

[例2] $23$ kg $\div 4=5.75$ kg，$23$ kg $\div 7=3.285714\cdots$ kg $\approx 3.286$ kg （约$3.286$ kg）

含有商与余数的包含除：小数 ÷ 小数=自然数的商……小数的余数

[例3] 制作一个夹子需要9.7 cm的铁丝，那么247.8 cm的铁丝能制作出几个夹子呢？还剩余多少铁丝呢？

[解析] $247.8$cm $\div 9.7$ cm$=25$（个）……$5.3$ cm

假设单位为mm的话，可得$2478$ mm $\div 97$ mm$=25$（个）……$53$ mm，即可以用自然数表达。

[例] 右图为了算出黑点的个数，把每5个黑点圈在了一起。若每7个黑点圈在一起，请你算一算一共会有几个圈，还会剩余几个黑点呢？

[解析] 在数这种散开的黑点的个数时，像右图这样把几个点圈在一起来数，就会明了很多。我们可以看到每5个黑点一个圈，一共有9个圈，还散落有3个黑点，那么黑点的总数为$5 \times 9+3=48$（个）。运用含有余数的除法算式来表示的话，可得$48 \div 7=6$（个）……$6$（个）。可知7黑点圈一起时，一共有6个圈，且散落的黑点为6个。

问题1　请求出$5 \div 7$的商与余数。

解析　这里的被除数小于除数，所以商为0，余数为被除数本身。
从 "$5=7 \times 0+5$（等式）→ $5 \div 7=0\cdots 5$（除法算式）" 中可得出结果。

问题2　自然数$A$除以7的余数为5，自然数$B$除以7的余数为2。请问$2 \times A+B$除以7后所得的余数为多少？

解析　由题可知，$A=7 \times a+5$，$B=7 \times b+2$，因为$2 \times A+B=7 \times 2 \times a+10+7 \times b+2=7 \times (2a+b)+12=7 \times (2 \times a+b)+7+5$，所以$2 \times A+B$除以7后所得的余数为5。

190 发禄的叛变

阿鲁鲁、祖卡······
真令我失望。

我要让你们知道，重要的不是出身跟所谓的身份……

你一个人干吗呢？

出现

预言者
卡珊德拉！

看来队长这个位置会
让人感到孤独啊。你给
我的感觉就是这样。

我觉得预言者你也
挺孤独的啊……

呵呵。

坐下

刚才还真是吓
我一大跳，你竟
然接收了我们。

你一个预言者
竟然连这个都
没料到？

啐

所以，倒不如就把你们放在我眼皮子底下看着，还比较好……

哈哈哈……

发禄已经盯上你了。你最好随时随地都拿好你的武器。

虽然发禄也是个贵族少爷，但是他跟阿鲁鲁不同。他又狡猾又残忍，你还是小心点为好。

你为什么要告诉我这些？你不是发禄的预言者吗？

我只是一个预言者，一个不属于任何人的预言者。

正确答案　×（解析见第166页）

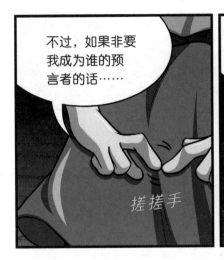

不过，如果非要我成为谁的预言者的话……

搓搓手

我希望我是你的预言者。

脸红红

为什么？

因为国王之战的最终胜者就是哆哆你！

······

那些为我帅气的外表而着迷的人，通常都会有这种错觉："哆哆他一定会成功的……"

哎哟……可是现实告诉我，长得帅并不一定能成功。

你是讨打吗？

不行，我的脸会受伤的。

你给我记好喽。我要成为你的预言者！

我们散伙饭小队每天早上 7 点，都会在院子里集合一起做早操。

哈欠

迟到的人将会
受到惩罚。

发禄二世！

你今天迟到了
三分钟，对吧？
给我出来。

竟然敢这样对
我家少爷……

挡

算了。

请找出下列除法算式中哪个是错误的。

① 5÷4=1……1　　② 14÷7=2……0　　③ 5÷7=0……5　　④ 21÷3=6……3

我这辈子还没受过惩罚呢……正好趁这次机会好好感受感受。

废话少说，赶紧过来。

手伸出来。

我能躲吗？

当然可以啊。毕竟那也是你的能力……

④（解析见第166页）

还没打完呢。
手伸出来。

第190章-3
选择题

除以 7 后，所得余数为 2 的自然数当中最小的是哪个?
① 2　② 9　③ 16　④ 23　⑤ 没有答案

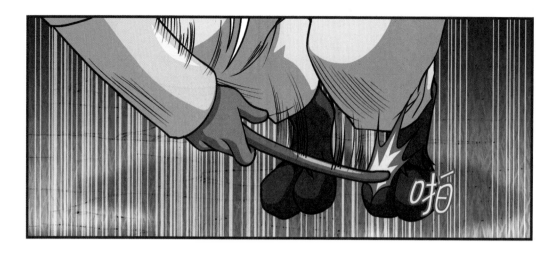

你这小子，还挺会打滚啊。

你不是要打手背吗？

我只说要打背哦。脚背也是背嘛。

 正确答案 ①（解析见第 166 页）

你的眼神太过凶狠。
再打三下!

看来是我看错了。
进去吧。

之后，在距离城堡很远的森林里

这里的树上全都是苹果，从哪里开始摘比较好呢？

果然不出卡珊德拉所料。

就凭你也敢惩罚我?

现在该轮到你接受惩罚了。

我做错了什么呢?

我的天,你竟然不知道?

你的存在本身就是一个错误。知道了吗?

幸好我听了
卡珊德拉的话。

正确答案　11（解析见第 166 页）

归纳整理数学教室

运用图像
树形图、
表格理解
记忆

# 4　时间与日历

| 领域 计量 | 能力 概念理解能力 |

数与数字在我们的日常生活当中占据了非常重要的位置。

我们早上一睁开眼睛就要确认是几点、今天是几号、是星期几、几点钟要到学校，此外还有自己所在的班级是几年级几班、第几节上的是什么课、考试分数是多少、学习用品的价格是多少、生日是几月几号、放假是从什么时候开始等。另外，家庭住址、密码、电话号码也都是数字，由此可见，我们生活中要使用到数字的地方真是数不胜数。

在和数与数字相关的多个领域中，时间与日期是同我们的日常事务最为紧密相关的，所以我们会在小学的计量领域最先学习这一部分。首先，让我们来了解一下表示时间的钟表吧。

钟表根据时间表达方式的不同大致分为两类。一是在有刻度与数字的表盘上，用时针、分针和秒针的走动来表示时间的指针表，二是在液晶屏幕上用数字表示时分秒或时分的电子表。

指针表　　　电子表　　　摆钟

另外，钟表还可以根据适用的场所或外形来分类。大致可以分为放在桌上的闹钟、戴在手腕上的手表、挂在墙上的挂钟、放在口袋里的怀表，以及到点会报时的摆钟等。

在现代形态的钟表发明出来之前，古代的人们都是利用自然原理来计时的。有利用水滴来计时的滴漏、利用沙子计时的沙漏和利用太阳的影子来计时的日晷等。直至今日，我们还会在测量一小段时间的时候使用沙漏。

经过对钟表的观察，我们可以知道它是通过下列这些功能与原理来运转的。

· 时针、分针、秒针都是顺时针旋转的。
一般钟表的表盘上有 60 个小格，被平分为 12 个大格，分别标上 1 到 12 这几个数字。
1 小时 = 时针顺着数字移动一大格的时间 = 分针旋转一圈的时间 =60 分钟
1 分钟 = 分针移动一大格的时间 = 秒针旋转一圈的时间 =60 秒
· 看钟表就能知道"几点以前""几点以后""现在是几点几分"。
· 从秒针的移动可以知道"经过了几十秒"。
· "经过了 10 时 35 分 57 秒"在电子表上显示为 $\boxed{10:35:57}$ 。

7时整　　　10时30分　　　7时10分　　　12时45分　　　3时52分　　　8时13分

我们通常把一天（1日）分为白天（太阳从升起到落下的时间段）和黑夜（太阳落山之后到重新升起的时间段）。一天 =1 日 =24 小时。

在古代，人们把一天平均分为 12 等份，并称之为十二地支（也叫十二支），具体如右表所示。例如，晚上 11 点到凌晨 1 点，也就是午夜前后 1 小时这个时间段，叫作子时。另外，晚上 12 点整被称为子正，白天 12 点整被称为正午或是午正。从子正到正午的这段时间叫作上午，正午到子正这段时间就是下午。

十二地支不仅仅用于记录时间，也会用来表示生肖年份。

| 时刻 | 时间段 | 生肖 |
| --- | --- | --- |
| 子时 | 下午11点–上午1点 | 鼠 |
| 丑时 | 上午1点–3点 | 牛 |
| 寅时 | 上午3点–5点 | 虎 |
| 卯时 | 上午5点–7点 | 兔 |
| 辰时 | 上午7点–9点 | 龙 |
| 巳时 | 上午9点–11点 | 蛇 |
| 午时 | 上午11点–下午1点 | 马 |
| 未时 | 下午1点–3点 | 羊 |
| 申时 | 下午3点–5点 | 猴 |
| 酉时 | 下午5点–7点 | 鸡 |
| 戌时 | 下午7点–9点 | 狗 |
| 亥时 | 下午9点–11点 | 猪 |

[参考] 十天干和十二地支依次相配，共得到六十个组合，称为六十甲子。一般在表示年度时使用，经过排列组合可分为甲子年、己未年、癸亥年等。

十天干指的是六十甲子的前半部分：甲、乙、丙、丁、戊、己、庚、辛、壬、癸。

从甲子到癸亥的一个循环为 60 年，这也被称为还甲或回甲。

一个星期为 7 天。

古代在"曜"字前面加上日、月、火、水、木、金、土来表示一周的七天，称之为日曜日、月曜日……土曜日。

如右表所示，一年分为 12 个月，共有 365 天或 366 天。平年有 365 天，2 月为 28 天；闰年有 366 天，2 月为 29 天。

闰年，每隔四年会循环。例如，2016 年和 2020 年都是 4 的倍数，所以它们是闰年。不过当年份为 100 的倍数时，即便它也是 4 的倍数，却依旧是平年。这里要注意的是，当年份为 400 的倍数时，又是闰年。举例来说，1900年和 2100 年是平年，2000 年是闰年。若想对此有更进一步的了解，大家可以再去看一看《冒险岛数学奇遇记 32》第83-84 页。

| 月份 | 天数 | 阴历 |
| --- | --- | --- |
| 1月 | 31 | 正月 |
| 2月 | 28 / 29 | 二月 |
| 3月 | 31 | 三月 |
| 4月 | 30 | 四月 |
| 5月 | 31 | 五月 |
| 6月 | 30 | 六月 |
| 7月 | 31 | 七月 |
| 8月 | 31 | 八月 |
| 9月 | 30 | 九月 |
| 10月 | 31 | 十月 |
| 11月 | 30 | 冬月 |
| 12月 | 31 | 腊月 |

[例] 我们来看看 2018 年吧。

（1）2018 年是平年还是闰年？

（2）2017 年为丁酉年，那么 2018 年是什么年呢？这一年的生肖是什么呢？

（3）2018 年 1 月 1 日是星期一，那么 2019 年 1 月 1 日是星期几呢？

[解析]（1）2018 不是 4 的倍数，所以 2018 年是平年。

（2）十天干当中，丁的后面为戊；十二地支的酉后面为戌，所以 2018 年为戊戌年，也是狗年。

（3）2018 年为平年，所以共 365 天。又因为 365 天是 52 周零 1 天，所以 2019 年 1 月 1 日为星期一的后一天星期二。

现在是进退维谷*了！

*进退维谷：前进或后退都陷于困难的境地，形容处于十分不利的局势。

挥

啪 啪

○（解析见第 167 页）

不知好歹的一介平民，想必已经粉身碎骨了。

那我们现在回去把基地拿下来吧。

哆哆大哥!

你受伤了吗?

那倒没有。我这是刚从悬崖峭壁上爬下来，累得浑身没劲儿了。

这群坏家伙！他们贵族都是一丘之貉。

从今以后，你就跟我一起吧。我们俩组队一起……

开心

我要去救出阿鲁鲁和祖卡。

他们两个也是贵族啊。

贵族也有善良的。

他们都那样对我了，你还说他们善良？

那是……

正确答案　⑤（解析见第 167 页）

那是他们对你有偏见。我们一起去教导他们，告诉他们这种想法是错误的……

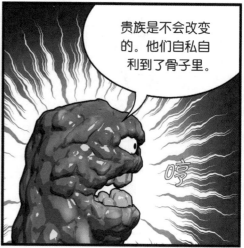

贵族是不会改变的。他们自私自利到了骨子里。

哼

不管怎么说，能和大哥你在一起实在是太棒了……

哇

哈哈哈……

这是大哥你的武器吗？

使劲

惊

你是怎么办到的?

我用的是地行术的原理。

你觉得我是怎么在地底下移动的呢?

这个嘛……

是不是像鼹鼠那样,在地底下边挖边走的呢?

缓缓

移动

如果是那样的话,那我一小时估计连一米都走不到。

那倒也是……

地行术的原理,就是将土地变成像水一样的液体。

嗖呜

2018 年为戊戌年，那它后面的 2019 年是什么年？

① 己亥　② 丁酉　③ 己巳　④ 甲午　⑤ 丙子

那这个我可以学吗?

这个要从小时候开始学,得训练十年以上才行。

大哥你这个年纪才开始学,已经晚了。

嗯

好可惜啊……

不过用它来保管东西这一项,大哥你还是能学会的。

正确答案　①(解析见第 167 页)

哇

我说了这把剑会在地底下一直跟着你吧。

地格吉!

你真是个天才!

嘿嘿

拥抱

我会的也就只有地行术而已。

不管是什么，只要有一样拿得出手就可以了! 我不也是靠着帅气的脸蛋这一样坚持下来了嘛。

尬尬

好像不是这样的……

你刚才说什么？

那个叫哆哆还是什么的平民，已经自行离开了。

哈哈

怎么，有什么不对的吗？

1 小时 = (     ) 秒。

六人中有四人举手表示赞成，压倒性胜利了。

哈哈哈，那就没有办法了。

你们这是一副什么表情？

我不承认！哆哆才是队长！

总会有一些傻瓜要逆着时代的洪流行事。

嗖嗖

嗖

不。

我是赞成的。

阿鲁鲁!

你为什么要这么胆怯?还不如跟他们决一死战……

给我闭嘴!

怒吼

跟跄

光用嘴巴说说可不行,得用行动展示出来哦……比如……

運用图像、
树形图、
表格理解
记忆

归纳整理数学教室

# 5 认识货币

| 领域 | 计量／数与运算 | 能力 | 概念理解能力／数理计算能力 |

货币在我们的日常生活当中是不可或缺的。我们会用大人们给的压岁钱、零花钱来买东西，也会把它们存起来。如果我们在支付车费或其他费用的时候，给出的是大面额的钱，那么就会找回一些零钱。既然货币的使用率这么高，那我们可得好好认识一下它的种类和面额。

500韩元　　　100韩元

50韩元　　　10韩元

5韩元　　　1韩元

现今，韩国使用的货币分为硬币和纸币两种。

硬币，根据面额的不同，发行有 500 韩元、100 韩元、50 韩元、10 韩元、5 韩元、1 韩元共 6 种。不过，5 韩元和 1 韩元的硬币在实际生活中几乎不会用到。

| 硬币 | 500韩元 | 100韩元 | 50韩元 | 10韩元 | 5韩元 | 1韩元 |
|---|---|---|---|---|---|---|
| 直径 | 26.50mm | 24.00mm | 21.60mm | 18.00mm | 20.40mm | 17.20mm |
| 重量 | 7.70g | 5.42g | 4.16g | 1.22g | 2.95g | 0.729 g |
| 材质 | 镍 | 镍 | 镍银 | 铜包铝 | 黄铜 | 铝 |
| 正面图案 | 鹤 | 李舜臣将军头像 | 稻穗 | 多宝塔 | 龟船 | 木槿花 |
| 最早发行日期 | 1982. 6. 12 | 1983. 1. 15 | 1983. 1. 15 | 2006. 12. 18 | 1983. 1. 15 | 1983. 1. 15 |

现行流通的纸币有 50000 韩元、10000 韩元、5000 韩元、1000 韩元这 4 种。

| 纸币 | 50000韩元 | 10000韩元 | 5000韩元 | 1000韩元 |
|---|---|---|---|---|
| 规格 | 154mm×68mm | 148mm×68mm | 142mm×68mm | 136mm×68mm |
| 颜色 | 黄色系 | 绿色系 | 橘黄色系 | 蓝色系 |
| 人物头像 | 申师任堂 | 世宗大王 | 栗谷李珥 | 退溪李滉 |
| 最早发行日期 | 2009. 6. 23 | 2007. 1. 22 | 2006. 1. 2 | 2007. 1. 22 |

1000 韩元的纸币的规格为 136 mm × 68 mm，对半折之后可得一个边长为 68 mm 的正方形。从上面的表格和右边的图中可以看出，随着面额的增大，1000 韩元、5000 韩元、10000 韩元、50000 韩元的长度依次增长了 6 mm。

问题1　哪边的金额更大呢？请在括号内填入 >、<、=。

　（　　）　

解析　左边为100韩元+50韩元+50韩元+10韩元=210韩元，右边为100韩元+10韩元+100韩元=210韩元，由此可得左右两边的金额是相等的，括号里应该填上等号（＝）。

**问题2** 这里有3张10000韩元、2张1000韩元的纸币，以及4个100韩元、6个10韩元的硬币，那么它们的总金额是多少呢？

**解析** $10000 \times 3 + 1000 \times 2 + 100 \times 4 + 10 \times 6 = 32460$（韩元），因此总金额为32460韩元。

**问题3** 在文具店打工的阿鲁鲁卖出了价值2600韩元的学习用品，收了别人一张5000韩元的纸币。在找钱的时候发现店里只有2张1000韩元的纸币、3个500韩元和9个100韩元的硬币。请问用这些钱找钱的话，有几种不同的搭配方法呢？

**解析** 因为5000−2600=2400（韩元），可知需找2400韩元。在求解有几种支付方法的时候，一般是按先支付大面额货币的顺序进行分类解析的。

<包含2张1000韩元纸币的情况>需再给400韩元的硬币→（4个100韩元的硬币）→1种方法

<包含1张1000韩元纸币的情况>只需求出再给1400韩元硬币的方法即可。

2个500韩元的硬币与4个100韩元的硬币，1个500韩元的硬币和9个100韩元的硬币→2种方法

<不包含1000韩元纸币的情况>除1000韩元纸币外，所有的硬币加起来刚好是2400韩元 → 1种方法

由上可得，答案为4种。

**问题4** 哆哆打算去便利店买一瓶1100韩元的饮料，翻了翻口袋，发现里面没有纸币，只有1个500韩元、5个100韩元、12个50韩元和7个10韩元的硬币。要想花出去的硬币个数最多，请问该如何支付比较好？

**解析** 因为要尽可能地把硬币花出去，所以我们得从面额小的硬币开始计算。

首先，我们把5个10韩元的硬币看作一组，这一组就是50韩元，再使用1个50韩元的硬币凑够100韩元这个单位，剩下的50韩元的硬币再可以取用10个，这么一来，就能得到 $10 \times 5 + 50 \times 11 = 600$（韩元）了。剩下的500韩元，使用5个100韩元的硬币就可以了。也就是说，1100韩元如果用5个10韩元、11个50韩元、5个100韩元的硬币来支付的话，所用到的硬币个数是最多的。

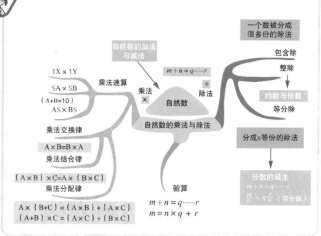

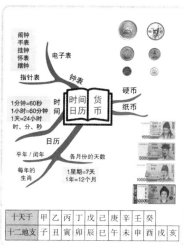

《冒险岛数学奇遇记62》思维导图

真令人意外呀！本以为他就是个不懂事的豪门少爷呢……

挺了不起啊，阿鲁鲁。

队长，请你给我一点时间，我一定会说服祖卡的。

可以，不过你可得抓紧时间说服她才行。

否则，我就用我的方式来处理了。

○（解析见第 167 页）

塔罗玛西斯，
去把她抓回来。

牺牲自己让朋友逃出去，由此
撒下希望的种子！没有谁比他
更加足智多谋了。

韩国纸币的正面都印有一些历史人物的头像，纸币和纸币上印的人物相对应的选项是哪个？

① 50000 韩元 - 申师任堂　　② 10000 韩元 - 退溪李滉
③ 5000 韩元 - 世宗大王　　④ 1000 韩元 - 栗谷李珥

正确答案 ①（解析见第167页）

魔法界

您要任命她为神龙雇佣兵团的副团长?

正是如此，希拉女巫小姐。

嗯，就是这个意思。

下列哪组硬币是使用同一种材质制成的?

① 10 韩元 –50 韩元　　② 50 韩元 –500 韩元

③ 100 韩元 –50 韩元　　④ 100 韩元 –500 韩元

精神操控魔法竟然不管用了！以前从来没有发生过这种情况……

抠鼻孔

肯定是因为她。她身上的能量阻断了我的魔法。

怒视

既然魔法不管用，那就只能使用药物了……

团长，到吃药的时间了。

起

吃药？

正确答案 ④（解析见第 167 页）

那你都有些什么症状呢？

哽咽

每到饭点我的肚子就超级超级饿，一到晚上我就困得睁不开眼睛。我可能活不了多长时间了。

既然药被她喝了，那她肯定逃不过精神操控魔法。

抬

一○

呃啊！

对不起。我以为你是因为左手比较好吃，才特地伸出来给我吃的……

团长，雇佣兵团的副团长肩负的责任非同一般，并不是什么人都能胜任的。

她必须跟我们其中的一位团员决斗比试一番才行，用实力来说话！

你竟然说决斗！像宝儿小姐这样柔弱的人……

她一点也不柔弱！你看看，她那口坚硬的牙齿都把我咬成这样了！

刚才那个药是什么呀？怎么吃完之后会觉得肚子更饿了呢！

正确答案　李舜臣将军（解析见第 167 页）

飘扬

让她成为一堆粉末吧!

嘻嘻

您就放心吧!

现在还来得及,要不还是取消比试,把宝儿赶出雇佣兵团吧?再这样下去,她会受伤的!

我也担心他会受伤。

是吧?

那位跟宝儿小姐比试的团员……

他凭什么这么认为啊……

开始吧!

大吼

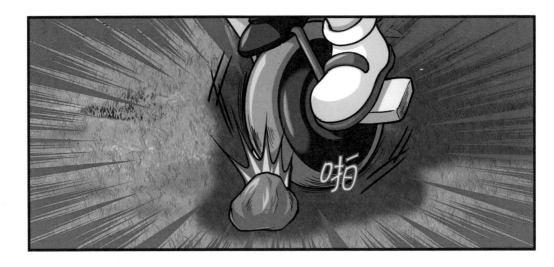

哈哈哈哈……

希望他伤得不
要太重……

那就只剩最后
一个办法了。

黑魔法之神啊，看来您归
来的时刻终于要来临了！

掉入希拉阴谋之中的宝
儿将会如何呢?

敬请期待《冒险岛数学奇遇记》第63册！

# 趣味数学题解析

**187 章-1**

[解析] 罗马数字 IX 用阿拉伯数字来表示就是 9。罗马数字 X 相当于 10，I 在左边表示减 1，就是 IX=10−1=9。

**187 章-2**

[解析] 个、万、亿、兆、京、垓、秭、穰、沟、涧、正、载、极、恒河沙……都是数字单位名称，这些数是以万倍增长的。

**187 章-3**

[解析] 1 盒 =12 支，1 箱 =10 盒，由此可知 1 箱铅笔为 12×10=120（支）。

**187 章-4**

[解析] 在罗马数字当中，I 相当于自然数 1，V 相当于自然数 5，X 相当于自然数 10，L 相当于自然数 50，C 相当于自然数 100，D 相当于自然数 500，M 相当于自然数 1000。

**188 章-1**

[解析] 由于 $A+B=B+A$、$A \times B=B \times A$ 成立，所以可知在加法和乘法运算中，交换律是成立的。不过，因为 $4 \div 2=2$，但 $2 \div 4=\frac{1}{2}$，所以 $4 \div 2 \neq 2 \div 4$，由此可知交换律在除法运算中是不成立的。

**188 章-2**

[解析] 从左边开始，第一个等号的两边用到的是乘法交换律，第二个用的是乘法结合律。

**188 章-3**

[解析] $100 \times 50$ 和 $50 \times 100$ 的乘积都是 5000，也就是说，$A \times B=B \times A$ 是成立的。这一性质被称为乘法交换律。

**188 章-4**

[解析] $A \times (B+C)=A \times B+A \times C$ 或者 $(A+B) \times C=A \times C+B \times C$ 成立，这一定律就是"乘法分配律"。

(解析) 我们不需要费尽心血地把 $19 \times 19$ 乘法口诀表背诵下来。

(解析) 在脑海里可以先算出 17+7=24，根据"1X×1Y 的快速算法"，将它转换为 240 之后，再加上 $7 \times 7=49$，就能得到 289 了。做错了的同学请重新翻开数学教室 2 再学习一遍，把方法吃透哦。

(解析) 根据"SA×SB 的快速算法（A+B=10）"，先在脑海里列出左边为 $7 \times(7+1)$ =56，右边为 $6 \times 4$ =24，就能求出答案为 5624 了。做错了的同学请重新翻开数学教室 2 再学习一遍，把方法吃透哦。

(解析) 根据"AS×BS 的快速算法（A+B=10）"，左边可列为 $3 \times 7+9$ =21+9=30，右边为 $9 \times 9$ =81，则可得答案为 3081。

(解析) 被除数 ÷ 除数 = 商……余数，即 $A \div B=q \cdots \cdots r$，其中余数 $r$ 要小于除数 $B$ 且大于等于 0。也就是，$0 \leqslant r < B$。

(解析) 因为 $21 \div 3=7 \cdots \cdots 0$，所以可得④是错误的。相反，③中 $5 \div 7=0 \cdots \cdots 5$ 这个算式是正确的。

(解析) 由 $9 \div 7=1 \cdots \cdots 2$，很容易会觉得答案为②。但是，从 $2 \div 7=0 \cdots \cdots 2$ 当中，我们可以得知除以 7 后，所得余数为 2 的自然数当中最小的为 2。

(解析) 设自然数 $A$ 为所求的那个数，那么（$A$+1）既可以被 3 整除，也可以被 4 整除。先求出能同时被 3 和 4 整除的数当中最小的数，也就是 12，就能得到答案了，即 A+1=12，可得 $A$=11。

## 191 章-1

**解析** 在古代，人们使用十二地支来记录时间，把上午 11 点到下午 1 点这段时间称作"午时"。

## 191 章-2

**解析** 年份为 4 的倍数则为闰年，但是如果它是 100 的倍数则是平年。另外，如果年份是 400 的倍数，则又为闰年。由此可得，2100 年虽然是 100 的倍数却不是 400 的倍数，所以是平年。

## 191 章-3

**解析** 十天干当中，戊的后面是己，十二地支当中，戌的后面为亥，因此 2019 年为猪年，也是己亥年。

## 191 章-4

**解析** 1 小时 =60 分钟，1 分钟 =60 秒，由此可得 1 小时为 $60 \times 60 = 3600$（秒）。

## 192 章-1

**解析** 1000 韩元的纸币长为 136 mm、宽为 68 mm，所以将纸币对折则可得到一个 68 mm × 68 mm 大小的正方形。

## 192 章-2

**解析** 10000 韩元正面印的是世宗大王；5000 韩元正面印的是栗谷李珥；1000 韩元正面印的是退溪李滉，所以只有①是正确的。

## 192 章-3

**解析** 100 韩元和 500 韩元的硬币使用的都是一种称为"镍"的材质。另外，50 韩元用的是"镍银"，10 韩元用的是"铜包铝"材质。

## 192 章-4

**解析** 500 韩元硬币的正面图像是一只鹤，100 韩元硬币的正面图像为李舜臣将军，50 韩元的为稻穗，10 韩元的为多宝塔。